华浔品味装饰
HUAXUN TASTE DECORATION

2014 客厅
LIVING ROOM

中式风格
Chinese Style

华浔品味装饰　编著

U0248581

海峡出版发行集团 | 福建科学技术出版社
THE STRAITS PUBLISHING & DISTRIBUTING GROUP | FUJIAN SCIENCE & TECHNOLOGY PUBLISHING HOUSE

参编人员：冷运杰　刘晓萍　夏振华　梅建亚　刘明富　虞旭东　吴文华
　　　　　邹广明　汪大锋　何志潮　邱欣林　吴旭东　覃　华　卓瑾仲
　　　　　周　游　尚昭俊　赵　桦　丘　麒　刘礼平　吴晓东　齐海梅

图书在版编目（CIP）数据

中式风格 / 华浔品味装饰编著 . —福州：福建科
学技术出版社，2013.12
（2014 客厅）
ISBN 978-7-5335-4423-2

Ⅰ . ①中… Ⅱ . ①华… Ⅲ . ①客厅 – 室内装饰设计 –
图集 Ⅳ . ① TU241-64

中国版本图书馆 CIP 数据核字（2013）第 277809 号

书　　名	中式风格
	2014 客厅
编　　著	华浔品味装饰
出版发行	海峡出版发行集团
	福建科学技术出版社
社　　址	福州市东水路 76 号（邮编 350001）
网　　址	www.fjstp.com
经　　销	福建新华发行（集团）有限责任公司
印　　刷	福建彩色印刷有限公司
开　　本	889 毫米 ×1194 毫米　1/16
印　　张	5
图　　文	80 码
版　　次	2013 年 12 月第 1 版
印　　次	2013 年 12 月第 1 次印刷
书　　号	ISBN 978-7-5335-4423-2
定　　价	28.00 元

书中如有印装质量问题，可直接向本社调换

前言
PREFACE

客厅是家庭的"门脸"，也是装修中的"面子"工程，相对其他功能区域，这里是装修风格的集中体现处，客厅的设计应起到介绍主人的格调与品位的作用。客厅又是接待客人的社交场所，是一个家庭的"脸面"。因此，客厅有着举足轻重的地位，是家庭装修的重中之重。

为了满足广大读者的需求，华浔品味装饰从全国各分公司最新设计的家居设计方案中，精选出一批优秀的客厅设计作品，编成《2014客厅》系列丛书。本系列丛书内容紧跟时代流行趋势，注重家居的个性化，并根据风格分成简约风格、现代风格、中式风格和欧式风格四册，以满足广大读者不同的需求，选择适合自己风格的设计方案，打造理想的家居环境。

本系列丛书的最大特点是，除了提供读者相关的客厅设计方案外，还介绍了这些方案的材料说明和施工要点，以便于广大读者在选择适合自己的家装方案的同时，能了解方案中所运用的材料及其工艺等。

我们真诚地希望，本系列丛书能为广大追求理想家居的人们，特别是准备购买和装修家居的人们提供有益的借鉴，也希望能为从事室内装饰设计的人员和有关院校的师生提供参考。

作者

2013年12月

仿古砖装饰的电视背景墙使客厅显得肃静、沉稳，实木通花板的介入，给空间增添情趣。

主要材料：①文化石　②白色乳胶漆　③实木通花板

施工要点

电视背景墙面用水泥砂浆找平，镜子基层用木工板打底并做出不同材质的收边线条，线条贴柚木饰面板后刷油漆。剩余墙面满刮三遍腻子，用砂纸打磨光滑，刷一层基膜后贴壁纸，用粘贴固定的方式固定镜面。

主要材料：①金镜　②柚木饰面板　③壁纸

施工要点

沙发背景墙面用水泥砂浆找平，用木工板做出壁纸的收边线条，贴榉木饰面板后刷油漆。剩余墙面满刮三遍腻子，用砂纸打磨光滑，刷一层基膜后贴壁纸，最后安装踢脚线。

主要材料：①壁纸　②玻化砖　③白色乳胶漆

施工要点

电视背景墙面用水泥砂浆找平，按照设计需求部分墙面用木工板打底并做出收边线条，贴胡桃木饰面板，刷油漆。镜面玻璃基层用木工板打底，用粘贴固定的方式固定，最后安装订制的通花板。

主要材料：①胡桃木饰面板　②镜面玻璃　③仿古砖

施工要点

沙发背景墙面用水泥砂浆找平，整个墙面满刮三遍腻子，用砂纸打磨光滑，用环保白乳胶配合专业壁纸粉将壁纸固定在墙面上，最后安装踢脚线。

主要材料： 1壁纸 2玻化砖 3白色乳胶漆

施工要点

用湿贴的方式将仿古砖固定在沙发背景墙上，完工后用勾缝剂填缝。剩余墙面满刮三遍腻子，用砂纸打磨光滑，刷底漆、面漆，最后安装成品通花板。

主要材料： 1仿古砖 2白色乳胶漆 3实木通花板

浅黄色仿古砖营造了安静祥和的氛围，黑色的木饰面与整体中式风格相协调。

主要材料： 1仿古砖 2胡桃木饰面板 3白色乳胶漆

施工要点

沙发背景墙面用水泥砂浆找平，用硅酸钙板做出墙面上灯槽结构，墙面满刮三遍腻子，用砂纸打磨光滑，固定成品实木收边线条，墙面刷一层基膜后贴壁纸。

主要材料： 1壁纸 2白色乳胶漆 3大理石

施工要点

用湿贴的方式将文化石固定在电视背景墙上。用木工板做出灯槽结构，用气钉将定制的绿可板固定在底板上。

主要材料： ①文化石　②绿可板　③白色乳胶漆

施工要点

沙发背景墙面用水泥砂浆找平，用湿贴的方式将仿古砖固定在墙面上，用木工板做出收边线条，贴胡桃木饰面板后刷油漆。剩余墙面满刮三遍腻子，用砂纸打磨光滑，刷一层基膜，贴壁纸。

主要材料： ①仿古砖　②壁纸　③胡桃木饰面板

米黄大理石搭配枫市收边线条，休闲、轻松。两侧的镜面玻璃装饰视觉上令客厅更加宽敞。

主要材料： ①米黄大理石　②镜面玻璃　③枫木饰面板

施工要点

沙发背景墙面用水泥砂浆找平，用点挂的方式将米黄大理石固定在墙上，完工后用专业石材勾缝剂填缝。

主要材料： ①米黄大理石　②白色乳胶漆　③爵士白大理石

施工要点

客厅电视背景墙用成品花格板装饰，待室内硬装基本完成后，用螺钉将其固定在地面与吊顶间。

主要材料： ①花格板 ②玻化砖 ③有色乳胶漆

施工要点

电视背景墙面用水泥砂浆找平，用点挂的方式将米黄大理石固定在墙面上，完工后用石材勾缝剂填缝。剩余墙面满刮三遍腻子，用砂纸打磨光滑，刷一层基膜，贴壁纸。最后安装踢脚线。

主要材料： ①米黄大理石 ②壁纸 ③有色乳胶漆

米黄色石材彰显大气，印花金镜装饰使客厅显得更加宽敞。

主要材料： ①米黄色石材 ②印花金镜 ③白色乳胶漆

施工要点

用木工板做出客厅电视背景墙上储物柜及电视柜造型，贴红橡木饰面板，刷油漆。

主要材料： ①仿古砖　②红橡木饰面板　③白色乳胶漆

镜面玻璃及壁纸装饰客厅电视背景墙，简洁、大方，通透花格的介入呼应了整体中式装修风格。

主要材料： ①壁纸　②镜面玻璃　③柚木饰面板

施工要点

用湿贴的方式将仿古砖固定在客厅电视背景墙上，完工后用勾缝剂填缝。用木工板做出收边线条，贴橡木饰面板后刷油漆。

主要材料： ①仿古砖　②橡木饰面板　③文化石

施工要点

沙发背景墙面用水泥砂浆找平，用湿贴的方式固定仿古砖，完工后用勾缝剂填缝。用木工板做出收边线条，贴柚木饰面板后刷油漆。剩余墙面满刮三遍腻子，用砂纸打磨光滑，刷一层基膜后贴壁纸。

主要材料： ①仿古砖　②壁纸　③柚木饰面板

用成品通花板做电视背景墙，呼应整个中式装饰风格，营造了情趣空间。

主要材料： ①通花板　②玻化砖　③白色乳胶漆

施工要点

客厅电视背景墙面用水泥砂浆找平，整个墙面满刮三遍腻子，用砂纸打磨光滑，固定实木收边线条。部分墙面刷底漆、面漆，安装定制的通花板。剩余墙面刷一层基膜，贴壁纸。

主要材料： ①壁纸　②白色乳胶漆　③仿古砖

施工要点

楼梯过道墙面用水泥砂浆找平，用湿贴的方式将仿古砖固定在墙面上，完工后用勾缝剂填缝，最后固定装饰挂件。

主要材料： ①仿古砖　②白色乳胶漆　③实木通花板

施工要点

用湿贴的方式将仿古砖固定在客厅电视背景墙上，完工后用勾缝剂填缝，用点挂的方式固定砂岩。用木工板做出收边线条，贴枫木饰面板，刷油漆。

主要材料： ①仿古砖 ②砂岩 ③枫木饰面板

施工要点

用点挂的方式将米黄色石材固定在客厅电视背景墙两侧，完工后用勾缝剂填缝。剩余墙面用木工板打底，贴枫木饰面板，刷油漆。

主要材料： ①米黄色石材 ②枫木饰面板 ③镜面玻璃

仿古砖表达了简洁又不失华贵的气质，金镜及实市通花板的点缀，共同营造了一个典雅居室。

主要材料： ①仿古砖 ②金镜 ③实木踢脚线

施工要点

电视背景墙面用水泥砂浆找平，两侧镜面玻璃基层防潮处理后用木工板打底。剩余墙面满刮三遍腻子，用砂纸打磨光滑，刷一层基膜后贴壁纸。用粘贴固定的方式固定镜面玻璃，最后安装固定定制的通花板。

主要材料： ①镜面玻璃 ②壁纸 ③复合实木地板

施工要点

客厅沙发背景墙面用水泥砂浆找平，用木工板及实木线条做出两侧对称造型及灯槽结构，贴橡木饰面板后刷油漆。中间墙面满刮三遍腻子，用砂纸打磨光滑，刷一层基膜，贴壁纸。

主要材料： ①橡木饰面板 ②壁纸 ③仿古砖

施工要点

用湿贴的方式将文化石固定在电视背景墙面上，用勾缝剂填缝。用木工板做出收边线条，贴胡桃木饰面板后刷油漆，最后安装成品通花板。

主要材料： ①文化石 ②仿古砖 ③白色乳胶漆

墙壁的木饰面与成品通花板营造了中式氛围的客厅，与整体装修风格相协调。

主要材料： ①仿古砖 ②白色乳胶漆 ③橡木饰面板

施工要点

用点挂的方式将爵士白大理石固定在墙面上，完工后用石材勾缝剂填缝。剩余墙面满刮三遍腻子，用砂纸打磨光滑，刷一层基膜，贴壁纸。用螺钉将定制的通花板固定在地面与吊顶间。

主要材料： ①爵士白大理石 ②壁纸 ③白色乳胶漆

整洁的米黄大理石固定在墙面上，令居室更加明亮，提升了空间品质。

主要材料： ①米黄大理石　②白色乳胶漆　③白色玻化砖

施工要点

用点挂的方式将米黄色石材固定在客厅电视背景墙上，完工后用专业石材勾缝剂填缝。用木工板做出墙面两侧对称造型，贴胡桃木饰面板后刷油漆。镜面玻璃基层用木工板打底，用粘贴固定的方式固定。

主要材料： ①米黄色石材　②胡桃木饰面板　③壁纸

施工要点

用点挂的方式将米黄色石材固定在电视背景墙面上，完工后用石材勾缝剂填缝，用木工板做出两侧对称造型，收边线条贴枫木饰面板后刷油漆。部分墙面满刮腻子，刷底漆、面漆，固定定制的通花板，用粘贴固定的方式固定车边银镜。

主要材料： ①车边银镜　②米黄色石材　③白色乳胶漆

施工要点

用湿贴的方式将皮纹砖固定在客厅电视背景墙面上，完工后用勾缝剂填缝。在墙面上安装钢结构，用干挂的方式将大理石固定在支架上，完工后用专业石材勾缝剂填缝。

主要材料： ①皮纹砖　②白色大理石　③复合实木地板

施工要点

客厅电视背景墙面用水泥砂浆找平，用硅酸钙板离缝拼贴。墙面满刮三遍腻子，用砂纸打磨光滑，刷底漆、面漆。用丙烯颜料将字体手绘到墙面上。

主要材料： ①复合实木地板　②白色乳胶漆　③丙烯颜料图案

挑高的客厅，重复的回字装饰，令居室大气且呼应整体中式的装修风格。

主要材料： ①大理石　②白色乳胶漆　③壁纸

施工要点

电视背景墙面用水泥砂浆找平，镜面玻璃饰面的墙体用木工板打底，并用木工板做出收边线条，贴橡木饰面板后刷油漆。剩余墙面满刮三遍腻子，用砂纸打磨光滑，刷一层基膜后贴壁纸，用玻璃胶固定镜面玻璃，最后安装定制的通花板。

主要材料： ①壁纸　②镜面玻璃　③复合实木地板

以文化石装饰电视背景墙，给沉闷空间带来些许生机，使居室充满田园气息。

主要材料： ①文化石 ②枫木饰面板 ③壁纸

施工要点

用湿贴的方式将文化石固定在墙面上，完工后用勾缝剂填缝。按照设计图纸，用木工板做出顶部及右侧造型，贴枫木饰面板后刷油漆。

主要材料： ①壁纸 ②文化石 ③枫木饰面板

施工要点

客厅沙发背景墙面用水泥砂浆找平，用点挂的方式将米黄大理石固定在墙面上，完工后用勾缝剂填缝。用木工板做出层板造型，贴橡木饰面板后刷油漆。

主要材料： ①米黄大理石 ②橡木饰面板 ③白色乳胶漆

施工要点

电视背景墙面用水泥砂浆找平，用点挂的方式将浅啡网纹大理石固定在墙面上，完工后用专业石材勾缝剂填缝。

主要材料： ①复合实木地板 ②胡桃木饰面板 ③浅啡网纹大理石

挑高的客厅，简洁的装饰，墙面上实市通花挂件，令空间散发着浓浓的古典韵味。

主要材料： ①壁纸 ②白色乳胶漆 ③复合实木地板

施工要点

客厅沙发背景墙面用水泥砂浆找平，整个墙面防潮处理后用木工板打底并做出设计图中收边线条，线条贴橡木饰面板后刷油漆。用粘贴固定的方式将定制的镜面玻璃固定在底板上。

主要材料： ①镜面玻璃 ②橡木线条 ③白色乳胶漆

施工要点

用点挂的方式将米黄大理石固定在墙面上，两侧墙面防潮处理后用木工板打底。中间墙面满刮三遍腻子，用砂纸打磨光滑，刷一层基膜，贴壁纸。用粘贴固定的方式将镜面玻璃固定在底板上，最后固定通花板。

主要材料： ①米黄大理石 ②通花板 ③壁纸

施工要点

用点挂的方式将大理石固定在电视背景墙上。部分墙面用木工板打底，贴胡桃木饰面板后刷油漆。剩余墙面满刮三遍腻子，用砂纸打磨光滑，刷底漆、面漆。部分墙面刷一层基膜后贴壁纸。

主要材料： ①大理石 ②胡桃木饰面板 ③壁纸

施工要点

客厅电视背景墙面用水泥砂浆找平，用硅酸钙板做出柱状造型，镜面基层用木工板打底。墙面满刮三遍腻子，刷底漆、面漆，用粘贴固定的方式将镜面玻璃固定在底板上。最后固定通花装饰挂件。

主要材料：①仿古砖 ②镜面玻璃 ③白色乳胶漆

挑高的镜面玻璃装饰，视觉上拉伸了客厅的纵向空间，使客厅更加宽敞、明亮。

主要材料：①镜面玻璃 ②玻化砖 ③白色乳胶漆

施工要点

用点挂的方式将米黄色石材固定在墙面上，按照设计需求墙面安装钢结构，用云石胶将大理石台面固定在支架上。用木工板做出两侧对称造型及电视柜，贴枫木饰面板后刷油漆，用粘贴固定的方式将镜面玻璃固定在底板上。

主要材料：①米黄色石材 ②枫木饰面板 ③镜面玻璃

施工要点

电视背景矮墙用水泥砂浆找平，用点挂的方式将米黄色石材固定在墙面上。剩余墙面防潮处理后用木工板打底，用玻璃胶将镜面玻璃固定在底板上，完工后用硅酮密封胶密封。

主要材料：①米黄色石材 ②壁纸 ③镜面玻璃

背景墙用通花格装饰，配上柔和的灯光，将空间的中式感充分体现出来。

主要材料：①壁纸　②木纹砖　③橡木饰面板

施工要点

用点挂的方式将米黄色石材及大理石收边线条固定在墙面上，完工后用石材勾缝剂填缝。软包基层防潮处理后用木工板打底，用气钉及万能胶固定。剩余墙面满刮三遍腻子，用砂纸打磨光滑，刷一层基膜后贴壁纸。

主要材料：①壁纸　②软包　③米黄色石材

施工要点

按设计图在墙面上弹线放样，用木工板做出电视柜及墙面上的凹凸造型，贴橡木饰面板后刷油漆。剩余墙面满刮三遍腻子，用砂纸打磨光滑，刷底漆、面漆，安装成品实木通花板。

主要材料：①白色乳胶漆　②深啡网纹大理石　③橡木饰面板

施工要点

用硅酸钙板做出电视背景墙上的凹凸造型，整个墙面满刮三遍腻子，用砂纸打磨光滑，刷底漆、面漆。贴壁纸的墙面施工前刷一层基膜，用环保白乳胶配合专业壁纸粉进行施工，最后安装踢脚线。

主要材料：①白色乳胶漆　②壁纸　③玻化砖

施工要点

客厅电视背景用成品隔断装饰，待室内硬装基本完成后，用螺钉将其固定在地面与吊顶间。

主要材料： ①白色乳胶漆　②玻化砖　③亚克力板

施工要点

用湿贴的方式将米黄大理石固定在墙面上，完工后用专业石材勾缝剂填缝。镜面玻璃基层用木工板打底，并做出收边线条，贴胡桃木饰面板后刷油漆。用玻璃胶将镜面玻璃固定在底板上，最后安装定制的通花板。

主要材料： ①米黄大理石　②胡桃木饰面板③镜面玻璃

以文化石装饰客厅电视背景墙，给沉甸的空间带来了田园气息。

主要材料： ①仿古砖②橡木饰面板　③文化石

施工要点

用点挂的方式将米黄色石材斜拼固定在电视背景墙上。镜面玻璃饰面的墙体防潮处理后用木工板打底，用木工板做出收边线条，贴橡木饰面板后刷油漆。用粘贴固定的方式将镜面玻璃固定在底板上，最后固定成品通花板。

主要材料： ①米黄色石材 ②镜面玻璃 ③橡木饰面板

施工要点

客厅电视背景墙面用水泥砂浆找平，整个墙面防潮处理，用木工板做出墙面上的凹凸造型及电视柜结构，贴赤杨杉木饰面板后刷油漆。用玻璃胶将镜面玻璃固定在底板上，完工后用硅酮密封胶密封。

主要材料： ①仿古砖 ②赤杨杉木饰面板 ③镜面玻璃

以红橡木装饰电视背景墙，与整体装饰风格相协调，令空间更加整体，使空间气息更加沉稳。

主要材料： ①壁纸 ②红橡木饰面板 ③玻化砖

施工要点

用湿贴的方式将爵士白大理石斜拼固定在墙面上，完工后用专业石材勾缝剂填缝。镜子饰面的墙用木工板打底，剩余墙面满刮三遍腻子，刷底漆、面漆，安装实木通花板。用玻璃胶固定金镜，用硅酮密封胶密封。

主要材料： ①爵士白大理石 ②金镜 ③复合实木地板

施工要点

用点挂的方式将大理石及收边线条固定在墙面上。剩余墙面防潮处理后用木工板打底，用粘贴固定的方式将金镜固定在底板上，完工后用硅酮密封胶密封。最后固定实木通花板。

主要材料： ①大理石　②金镜　③白色乳胶漆

施工要点

用点挂的方式将米黄大理石固定在沙发背景墙上。用木工板做出中间墙面上凹凸造型，贴花梨木饰面板后刷油漆，剩余墙面满刮三遍腻子，用砂纸打磨光滑，刷底漆、面漆。

主要材料： ①米黄大理石　②白色乳胶漆　③花梨木饰面板

干净整洁的沙发背景墙面，令居室更显大气，巨幅通花板增添了中式风格气息。

主要材料： ①白色乳胶漆　②通花板　③米黄色石材

施工要点

客厅沙发背景墙面用水泥砂浆找平，用点挂的方式固定米黄色石材。剩余墙面满刮三遍腻子，用砂纸打磨光滑，安装实木收边线条，墙面刷一层基膜，贴壁纸。

主要材料： ①米黄色石材　②实木线条　③壁纸

施工要点

用湿贴的方式将仿古砖固定在客厅沙发背景墙上。用硅酸钙板做出墙面上灯槽造型及层板结构，墙面满刮三遍腻子，用砂纸打磨光滑，刷底漆、面漆。

主要材料： ①仿古砖 ②玻化砖 ③白色乳胶漆

墙面的市饰面板及花格装饰均与整体风格相协调，打造了一个宁静舒适的客厅空间。

主要材料： ①仿古砖 ②白色乳胶漆 ③枫木饰面板

施工要点

用湿贴的方式配合益胶泥将爵士白大理石斜拼固定在墙面上，完工后用石材勾缝剂填缝。镜面玻璃基层用木工板打底，剩余墙面满刮三遍腻子，刷底漆、面漆，安装成品通花板及收边线条。用玻璃胶将镜面玻璃固定在底板上。

主要材料： ①爵士白大理石 ②镜面玻璃 ③白色乳胶漆

施工要点

客厅电视背景墙面用水泥砂浆找平，用点挂的方式固定米黄色石材。用木工板做出电视柜造型，贴红橡木饰面板后刷油漆，固定大理石台面。茶镜基层用木工板打底，用玻璃胶固定。

主要材料： ①米黄色石材 ②红橡木饰面板 ③茶镜

施工要点

用点挂的方式将米黄色石材固定在沙发背景墙上，镜面玻璃饰面的墙体防潮处理后用木工板打底，并做出收边线条，贴胡桃木饰面板后刷油漆，用玻璃胶将镜面玻璃固定在底板上，完工后用密封胶密封。

主要材料：①胡桃木饰面板　②米黄色石材　③白色乳胶漆

电视背景墙两侧凹凸板装饰，打破了空间的沉稳，增添自然气息，令居室更温馨，彰显品质感。

主要材料：①壁纸　②绿可板　③白色乳胶漆

施工要点

客厅电视背景墙面用水泥砂浆找平，用硅酸钙板做出墙面上的凹凸造型。整个墙面满刮三遍腻子，用砂纸打磨光滑，刷一层基膜，用环保白乳胶配合专业壁纸粉将壁纸固定在墙面上，后安装踢脚线。

主要材料：①壁纸　②白色乳胶漆　③仿古砖

沙发背景墙上的纵向条纹装饰拉伸了空间，电视背景墙上的镜面玻璃在视觉上放大了空间。

主要材料：①大理石　②镜面玻璃
③壁纸

施工要点

电视背景墙面用水泥砂浆找平，用木工板及实木线条做出灯槽结构及两侧对称造型。墙面满刮三遍腻子，用砂纸打磨光滑，刷底漆、面漆。部分墙面刷一层基膜后贴壁纸，安装实木收边线条及踢脚线。

主要材料：①壁纸　②白色乳胶漆　③实木地板

施工要点

电视背景墙面用水泥砂浆找平，整个墙面满刮三遍腻子，用砂纸打磨光滑，刷底漆、面漆，安装成品实木收边线条及通花板，中间墙面刷一层基膜，贴壁纸。

主要材料：①壁纸　②白色乳胶漆　③玻化砖

施工要点

用硅酸钙板做出客厅电视背景墙上的凹凸造型，用杉木板做出电视柜，刷油漆。剩余墙面满刮三遍腻子，用砂纸打磨光滑，刷底漆、面漆。用地板钉及胶水将复合实木地板固定在墙面上。

主要材料：①复合实木地板　②白色乳胶漆　③仿古砖

施工要点

用点挂的方式将白色大理石及浅啡网纹大理石固定在墙面上。剩余墙面满刮三遍腻子，用砂纸打磨光滑，刷底漆，安装收边线条，刷面漆，部分墙面刷一层基膜后贴壁纸，最后安装通花板。

主要材料：① 玻化砖　② 浅啡网纹大理石　③ 壁纸

施工要点

客厅电视背景墙面用水泥砂浆找平，用湿贴的方式将不同规格的米黄色石材固定在墙面上。剩余墙面满刮三遍腻子，用砂纸打磨光滑，刷底漆、面漆。部分墙面刷一层基膜后贴壁纸，最后安装实木通花板。

主要材料：① 米黄色石材　② 壁纸　③ 复合实木地板

施工要点

用湿贴的方式将木纹砖固定在墙面上，完工后用勾缝剂填缝。用木工板那做出收边线条，贴胡桃木饰面板后刷油漆。剩余墙面满刮三遍腻子，用砂纸打磨光滑，刷底漆、面漆。

主要材料：① 木纹砖　② 胡桃木饰面板　③ 白色乳胶漆

施工要点

客厅沙发背景墙面用水泥砂浆找平，用木工板做出墙面上通透造型，贴枫木饰面板后刷油漆。剩余墙面满刮三遍腻子，用砂纸打磨光滑，刷底漆、有色面漆。

主要材料：① 枫木饰面板　② 有色乳胶漆　③ 玻化砖

客厅沙发背景墙用荷花图样壁纸装饰，栩栩如生，给居室带来了亲近感和放松的舒适感，打造了舒适的中式空间。

主要材料： ①磨砂玻璃 ②杉木饰面板 ③壁纸

施工要点

用点挂的方式将大理石固定在客厅电视背景墙上，剩余两侧墙面用木工板打底并做出收边线条。部分墙面及收边线条贴橡木饰面板后刷不同色油漆，用粘贴固定的方式固定镜面玻璃。

主要材料： ①大理石 ②镜面玻璃 ③橡木饰面板

施工要点

客厅电视背景墙面用水泥砂浆找平，整个墙面满刮三遍腻子，用砂纸打磨光滑，用有色肌理漆饰面，最后安装实木踢脚线。

主要材料： ①肌理漆 ②实木踢脚线 ③复合实木地板

施工要点

电视背景矮墙用水泥砂浆找平，用木工板做出收边线条，贴橡木饰面板后刷油漆。剩余墙面满刮三遍腻子，用砂纸打磨光滑，刷底漆、面漆，安装定制的磨砂玻璃。最后安装踢脚线。

主要材料： ①白色乳胶漆 ②橡木饰面板 ③玻化砖

施工要点

用点挂的方式将米黄大理石固定在电视背景两侧，完工后用勾缝剂填缝。剩余墙面防潮处理后用木工板打底，用气钉将订制的绿可板固定在底板上。

主要材料：①米黄大理石　②绿可板　③白色乳胶漆

沙发背景墙用花题材的壁纸做背景，营造了悠闲、唯美的都市风情。

主要材料：①米黄色石材　②壁纸　③白色乳胶漆

施工要点

客厅电视背景墙面用水泥砂浆找平，用木工板做出层板造型，贴枫木饰面板后刷油漆。剩余墙面满刮三遍腻子，用砂纸打磨光滑，刷底漆，最后安装定制的通花板及收边线条，刷有色面漆，安装实木踢脚线。

主要材料：①复合实木地板　②有色乳胶漆　③枫木饰面板

施工要点

客厅电视背景墙面用水泥砂浆找平，整个墙面用木工板打底并做出设计图中的造型，贴枫木饰面板，刷油漆，固定定制的回形装饰挂件。

主要材料：①玻化砖　②枫木饰面板　③白色乳胶漆

沙发背景墙淡雅的壁纸营造了安静、祥和的氛围；精致的茶镜装饰吊顶，令客厅更加宽敞、明亮。

主要材料： ①壁纸 ②茶镜 ③玻化砖

施工要点

用木工板做出收边线条，贴橡木饰面板后刷油漆。镜面玻璃基层用木工板打底。剩余墙面满刮三遍腻子，用砂纸打磨光滑，刷底漆、面漆，部分墙面刷一层基膜后贴壁纸。用粘贴固定的方式固定镜面玻璃，最后安装通花板。

主要材料： ①橡木饰面板 ②壁纸 ③镜面玻璃

施工要点

用点挂的方式将米黄色石材固定在电视背景两侧，镜面玻璃基层用木工板打底。剩余墙面满刮三遍腻子，用砂纸打磨光滑，刷一层基膜后贴壁纸，固定定制的实木收边线条。用粘贴固定的方式固定镜面玻璃。

主要材料： ①米黄色石材 ②镜面玻璃 ③壁纸

施工要点

客厅电视背景墙面用水泥砂浆找平，整个墙面防潮处理后用木工板打底，固定不锈钢分割线条。贴胡桃木饰面板，刷油漆。

主要材料： ①玻化砖 ②胡桃木饰面板 ③白色乳胶漆

施工要点

用木工板做出客厅电视背景墙上的层板及精
品柜造型，贴橡木饰面板后刷油漆。剩余墙
面满刮三遍腻子，用砂纸打磨光滑，刷底漆、
有色面漆，最后安装踢脚线。

主要材料： ①仿古砖　②有色乳胶漆　③橡
木饰面板

施工要点

客厅沙发背景墙面用水泥砂浆找平，整个墙面满刮三遍腻子，用
砂纸打磨光滑，刷一层基膜后贴壁纸，安装实木踢脚线。最后将
定制的通花隔断摆放在背景墙前侧。

主要材料： ①壁纸　②白色乳胶漆　③大理石

施工要点

客厅沙发背景墙面用水泥砂浆找平，按照设计需求在墙面上弹线
放样，用点挂的方式将加工好的爵士白大理石固定在墙面上，完
工后用专业石材勾缝剂填缝，清洁干净大理石表面。

主要材料： ①爵士白大理石　②白色乳胶漆　③实木通花板

同规格的仿洞石砖装饰
电视背景墙，搭配深色
实市门套，令空间大气
稳重。

主要材料： ①仿洞石砖　②白
色乳胶漆　③仿古砖

施工要点

餐厅背景墙面用水泥砂浆找平，整个墙面满刮三遍腻子，用砂纸打磨光滑，刷一层基膜，用环保白乳胶配合专业壁纸粉将壁纸固定在墙面上，最后安装踢脚线。

主要材料： ①白色乳胶漆　②壁纸　③玻化砖

客厅电视背景墙两侧的胡桃木饰面，搭配另一墙面上的木质花格，令空间更加连贯，营造了温馨居室。

主要材料： ①胡桃木饰面板　②有色乳胶漆　③玻化砖

施工要点

用点挂的方式将砂岩固定在墙面上，用木工板做出两侧对称造型及收边线条，贴枫木饰面板后刷油漆。剩余墙面满刮三遍腻子，用砂纸打磨光滑，刷一层基膜后贴壁纸。

主要材料： ①砂岩　②枫木饰面板　③壁纸

施工要点

客厅电视背景墙面用水泥砂浆找平，用木工板做出顶部线条，贴橡木饰面板后刷油漆。剩余墙面满刮三遍腻子，用砂纸打磨光滑，刷底漆、面漆。部分墙面刷一层基膜后贴壁纸。

主要材料： ①壁纸　②白色乳胶漆　③白色大理石

电视背景墙以大面积的镜面玻璃装饰，视觉上拉伸空间；整体中式风格，呈现成熟稳重的居室氛围。

主要材料： ①壁纸　②镜面玻璃　③胡桃木饰面板

施工要点

客厅电视背景墙面用水泥砂浆找平，镜面玻璃饰面的墙体防潮处理后用木工板打底，并用木工板做出收边线条，贴柚木饰面板后刷油漆。用粘贴固定的方式固定镜面玻璃，用地板钉及地板胶将复合实木地板固定在剩余墙面上。

主要材料： ①复合实木地板　②镜面玻璃　③柚木饰面板

施工要点

客厅电视背景墙面用水泥砂浆找平，用湿贴的方式固定踢脚线。用木工板做出设计图中造型，贴橡木饰面板后刷油漆。剩余墙面满刮三遍腻子，用砂纸打磨光滑，刷底漆、面漆。

主要材料： ①木纹玻化砖　②橡木饰面板　③镜面玻璃

施工要点

客厅电视背景墙面用水泥砂浆找平，用湿贴的方式将皮纹砖固定在墙面上。用干挂的方式固定米黄大理石。

主要材料：①皮纹砖 ②米黄大理石 ③金镜

施工要点

客厅沙发背景墙面用水泥砂浆找平，用点挂的方式将米黄色石材高低错落地固定在墙面上，完工后用专业石材勾缝剂填缝。

主要材料：①壁纸 ②米黄色石材 ③白色乳胶漆

施工要点

用湿贴的方式将皮纹砖固定在墙面上，完工后用勾缝剂填缝。剩余墙面满刮三遍腻子，用砂纸打磨光滑，安装成品收边线条。墙面刷一层基膜，用环保白乳胶配合专业壁纸粉将壁纸固定在墙面上。

主要材料：①皮纹砖 ②壁纸 ③有色乳胶漆

浅黄色的仿古砖给人以愉悦的心情，通花板和镜面玻璃的介入让中式风格的客厅更有韵味。

主要材料：①仿古砖 ②镜面玻璃 ③实木地板

施工要点

客厅电视背景墙面用水泥砂浆找平，整个墙面满刮三遍腻子，用砂纸打磨光滑，刷底漆、有色面漆，用丙烯颜料将图案手绘到墙面上，最后安装实木踢脚线。

主要材料： ①有色乳胶漆　②实木地板　③丙烯颜料图案

施工要点

客厅沙发背景墙面用水泥砂浆找平，用湿贴的方式将文化石固定在墙面上，完工后用白色勾缝剂填缝。用木工板做出门套，贴橡木饰面板后刷油漆。

主要材料： ①文化石　②白色乳胶漆　③橡木饰面板

施工要点

客厅电视背景墙面用水泥砂浆找平，用湿贴的方式将仿古砖固定在墙面上，完工后用勾缝剂填缝。安装固定成品通花板。

主要材料： ①仿古砖　②通花板　③白色乳胶漆

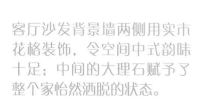

客厅沙发背景墙两侧用实市花格装饰，令空间中式韵味十足；中间的大理石赋予了整个家怡然洒脱的状态。

主要材料： ①大理石　②白色乳胶漆　③橡木饰面板

电视背景墙上栩栩如生的手绘画，让客厅充满了大自然的气息；两侧的通花格呼应了整体中式装修风格。

主要材料： ①有色乳胶漆　②仿古砖　③镜面玻璃

施工要点

用湿贴的方式固定带有图案的仿古砖，用点挂的方式固定大理石收边线条及定制的砂岩。剩余墙面用木工板打底，用粘贴固定的方式将镜面玻璃固定在底板上，最后安装定制的通花板。

主要材料： ①仿古砖　②砂岩　③镜面玻璃

施工要点

电视背景墙面用水泥砂浆找平，用点挂的方式将米黄色石材固定在墙面上，完工后用勾缝剂填缝，固定实木通花板。

主要材料： ①有色乳胶漆　②米黄色石材　③实木通花板

施工要点

电视背景墙面用水泥砂浆找平，整个墙面防潮处理后用木工板打底，收边线条贴橡木饰面板后刷油漆。用粘贴固定的方式将镜面玻璃固定在底板上，用气钉及万能胶固定软包。

主要材料： ①仿古砖　②镜面玻璃③软包

施工要点

客厅电视背景墙面用水泥砂浆找平，用点挂的方式固定米黄色石材收边线条，用湿贴的方式固定仿古砖，完工后用勾缝剂填缝。

主要材料： ①仿古砖　②米黄色石材　③浅啡网纹大理石

淡黄色的沙发背景令客厅温馨、清净；电视背景墙深色的大饰面以其独有的特性为中式韵味的空间添彩。

主要材料： ①柚木饰面板　②壁纸　③白色乳胶漆

施工要点

用点挂的方式将米黄色石材固定在电视背景墙面上，按照设计需求两侧墙面用木工板打底，贴枫木饰面板后刷油漆。剩余墙面满刮三遍腻子，用砂纸打磨光滑，刷一层基膜，贴壁纸。

主要材料： ①米黄色石材　②壁纸　③玻化砖

施工要点

用湿贴的方式将仿古砖斜拼固定在电视背景墙上，完工后用勾缝剂填缝。按设计需求用木工板及硅酸钙板做出灯槽结构，墙面满刮三遍腻子，用砂纸打磨光滑，固定实木收边线条，刷一层基膜，贴壁纸，最后安装实木踢脚线。

主要材料： ①浅啡网纹大理石　②玻化砖　③壁纸

施工要点

客厅电视背景墙面用水泥砂浆找平，用点挂的方式将米黄色石材固定在墙面上，完工后用专业石材勾缝剂填缝。将定制的通花板及实木挂件固定在墙面上。

主要材料： ① 米黄色石材　② 白色乳胶漆　③ 浅啡网纹大理石

施工要点

用点挂的方式将米黄色石材固定在电视背景墙面上，用云石胶将大理石台面固定在支架上。用木工板做出电视柜及墙面上的凹凸造型，贴胡桃木饰面板后刷油漆，最后安装玻璃。

主要材料： ① 米黄色石材　② 黑色大理石　③ 胡桃木饰面板

客厅沙发背景墙采用大面积镜面玻璃装饰，视觉上放大空间，回字纹样挂件呼应了居室中式装修风格。

主要材料： ① 壁纸　② 白色大理石　③ 镜面玻璃

施工要点

用点挂的方式将米黄色石材固定在墙面上，完工后用专业石材勾缝剂填缝。用木工板做出层板及两侧对称造型，贴橡木饰面板，刷油漆。剩余墙面满刮三遍腻子，用砂纸打磨光滑，刷底漆、面漆。

主要材料： ① 仿古砖　② 橡木饰面板　③ 米黄色石材

施工要点

按设计图在墙面上弹线,用湿贴的方式将木纹砖固定在墙面上,完工后用勾缝剂填缝,最后固定装饰挂件。

主要材料: ①木纹砖 ②白色乳胶漆 ③仿古砖

施工要点

用点挂的方式将米黄色石材固定在客厅电视背景墙上,用木工板做出收边线条,贴胡桃木饰面板后刷油漆,安装定制的通花板。

主要材料: ①米黄色石材 ②胡桃木饰面板 ③白色乳胶漆

施工要点

客厅电视背景墙面用水泥砂浆找平,用点挂的方式将米黄大理石固定在墙上。剩余墙面满刮三遍腻子,用砂纸打磨光滑,刷一层基膜后贴壁纸,最后安装固定成品花格板。

主要材料: ①壁纸 ②米黄大理石 ③白色乳胶漆

市纹砖和镜面玻璃打造的背景墙,视觉上放大了空间;实市通花板蕴涵着不可言喻的东方气息,令居室散发着华夏人文的芬芳。

主要材料: ①木纹砖 ②镜面玻璃 ③实木通花板

施工要点

客厅沙发背景墙面用水泥砂浆找平，整个墙面防潮处理后用木工板打底，中间墙面离缝贴枫木饰面板，刷油漆。两侧墙面满刮三遍腻子，用砂纸打磨光滑，刷底漆、面漆，安装定制的通花板。

主要材料： ①枫木饰面板　②玻化砖　③白色乳胶漆

吊顶上镂空板的运用，将灯光软化得恰当好处，打破了空间的沉寂，增添了乐趣。

主要材料： ①枫木饰面板　②玻化砖　③白色乳胶漆

施工要点

客厅电视背景墙面用水泥砂浆找平，用干挂的方式将大理石固定在墙面上，软包基层用木工板打底，用气钉及万能胶固定。最后固定定制的通花板。

主要材料： ①米黄色石材　②软包　③通花板

施工要点

用点挂的方式将米黄色石材收边线条固定在墙面上，中间墙面防潮处理后用木工板打底，用粘贴固定的方式固定镜面玻璃，最后安装定制的通花板。

主要材料： ①米黄色石材　②镜面玻璃　③通花板

施工要点

两侧玻璃搭配中间复合实木地板，材质对比上给人眼前一亮，令居所安静，温馨。

主要材料： ①复合实木地板　②白色乳胶漆　③有色乳胶漆

施工要点

客厅电视背景墙面用水泥砂浆找平，用湿贴的方式将木纹砖固定在墙面上，完工后用勾缝剂填缝，用螺钉将定制的通花板固定在墙面上。

主要材料： ①壁纸　②木纹砖　③白色乳胶漆

施工要点

电视背景墙面用水泥砂浆找平，用点挂的方式固定米黄色石材。镜面玻璃基层用木工板打底，剩余中间墙面满刮三遍腻子，用砂纸打磨光滑，刷一层基膜，贴壁纸。用粘贴固定的方式固定镜面玻璃，最后固定通花板。

主要材料： ①米黄色石材　②壁纸　③镜面玻璃

施工要点

用湿贴的方式固定仿古砖，完工后用勾缝剂填缝。用硅酸钙板做出墙面上灯槽结构及凹凸造型，满刮三遍腻子，用砂纸打磨光滑，刷底漆，安装成品实木线条及通花板，刷面漆。

主要材料：①仿古砖 ②白色乳胶漆 ③深啡网纹大理石

施工要点

客厅沙发背景墙面用水泥砂浆找平，用木工板做出设计图中造型，贴胡桃木饰面板后刷油漆，凹凸处收边线条贴水曲柳饰面板后刷白色油漆。

主要材料：①白色乳胶漆 ②玻化砖 ③胡桃木饰面板

白色的肌理漆墙面配以深色市边框，形成一种对比强烈的视觉反差；中间白色的装饰竹条，为整个空间增添了生气。

主要材料：①胡桃木饰面板 ②肌理漆 ③木纹玻化砖

施工要点

过道处墙面用水泥砂浆找平，用湿贴的方式将仿古砖固定在墙面上，完工后用勾缝剂填缝。用木工板做出展示柜层板造型，贴橡木饰面板后刷油漆，最后安装玻璃层板。

主要材料：①仿古砖 ②橡木饰面板 ③复合实木地板

施工要点

用湿贴的方式将深啡网纹大理石踢脚线固定在墙面上，用木工板及硅酸钙板做出墙面上的凹凸造型，收边线条贴胡桃木饰面板后刷油漆。剩余墙面满刮三遍腻子，用砂纸打磨光滑，刷一层基膜后贴壁纸，用粘贴固定的方式固定镜面。

主要材料： ①镜面玻璃 ②壁纸 ③深啡网纹大理石

施工要点

过道处墙面用水泥砂浆找平，用湿贴的方式将仿古砖固定在墙面上，完工后用勾缝剂填缝，最后固定成品实木装饰挂件。

主要材料： ①仿古砖 ②壁纸 ③白色乳胶漆

施工要点

用点挂的方式固定大理石及收边线条，完工后用专业石材勾缝剂填缝。用点挂的方式将定制的砂岩固定在剩余墙面上。

主要材料： ①橡木饰面板 ②大理石 ③砂岩

文化石装饰沙发背景墙，搭配上简洁的实木收边线条及实木家具，给人一种沉稳大气的感觉。

主要材料： ①仿古砖 ②胡桃木饰面板 ③文化石

电视背景墙两侧的通透花格板拉伸了视觉空间；中间展示架设计，使空间更加丰富。

主要材料：①壁纸　②橡木饰面板
③仿古砖

施工要点

客厅沙发背景墙面用水泥砂浆找平，用湿贴的方式将文化石固定在墙面上。剩余墙面满刮三遍腻子，用砂纸打磨光滑，刷底漆，固定成品实木收边线条，刷面漆。部分墙面刷一层基膜后贴壁纸，最后固定成品通花板。

主要材料：①壁纸　②文化石　③仿古砖

施工要点

客厅电视背景墙面用水泥砂浆找平，用木工板做出墙面上柱状造型，贴胡桃木饰面板后刷油漆。剩余墙面满刮三遍腻子，用砂纸打磨光滑，刷一层基膜后贴壁纸，最后安装实木踢脚线。

主要材料：①实木地板　②壁纸　③胡桃木饰面板

施工要点

用湿贴的方式将木纹砖固定在墙面上，完工后用勾缝剂填缝。剩余两侧墙面用水泥砂浆找平，满刮三遍腻子，用砂纸打磨光滑，刷一层基膜后贴壁纸，最后安装固定收边线条。

主要材料：①木纹砖　②壁纸　③白色乳胶漆

挑高的客厅，浅黄的色调，打造
了温馨舒适的空间气氛。

主要材料：①通花板　　②米黄色石材
③白色乳胶漆

施工要点

用湿贴的方式将仿古砖固定在墙面上。镜面
玻璃饰面的墙体防潮处理后，用木工板打底
并做出收边线条，贴胡桃木饰面板刷油漆。
剩余墙面满刮三遍腻子，用砂纸打磨光滑，
刷底漆、面漆。部分墙面刷一层基膜后贴壁纸，
用粘贴固定的方式固定镜面玻璃。

主要材料：①仿古砖　　②镜面玻璃　　③壁纸

施工要点

过道处墙面用木工板做出设计图中层板储物架造型，贴胡桃木饰
面板，刷油漆。

主要材料：①米黄色石材　②胡桃木饰面板　③白色乳胶漆

施工要点

用湿贴的方式将仿古砖固定在墙面上，完工后用勾缝剂填缝。用
点挂的方式固定浅啡网纹大理石。用木工板做出电视柜造型，贴
胡桃木饰面板后刷油漆。

主要材料：①仿古砖　②浅啡网纹大理石　③胡桃木饰面板

施工要点

用干挂的方式将大理石收边线条固定在墙面上，用木工板做出灯槽结构。剩余墙面满刮三遍腻子，用砂纸打磨光滑，刷底漆、面漆。部分墙面刷一层基膜后贴壁纸，用玻璃胶将镜面玻璃固定在底板上。

主要材料： ①壁纸 ②镜面玻璃 ③白色乳胶漆

施工要点

客厅电视背景墙面用水泥砂浆找平，用点挂的方式将米黄色石材固定在墙面上。镜面玻璃饰面的墙体防潮处理后用木工板打底，剩余墙面满刮三遍腻子，用砂纸打磨光滑，刷底漆、面漆，用粘贴固定的方式固定镜面玻璃。

主要材料： ①米黄色石材 ②镜面玻璃 ③白色乳胶漆

施工要点

用木工板做出客厅电视背景墙面上收边线条，贴枫木饰面板后刷油漆。金镜基层用木工板打底，剩余墙面满刮三遍腻子，用砂纸打磨光滑，刷一层基膜后贴壁纸。用玻璃胶固定金镜，完工后用硅酮密封胶密封。

主要材料： ①枫木饰面板 ②金镜 ③壁纸

沙发背景墙面上纵条纹的通透花格，搭配暖色调灯光，仿佛用一种质朴的语调细数着中式的情怀。

主要材料： ①仿古砖 ②花格板 ③有色乳胶漆

施工要点

客厅沙发背景墙面用水泥砂浆找平，墙面满刮三遍腻子，用砂纸打磨光滑，刷底漆、面漆。部分墙面刷一层基膜后贴壁纸，最后固定实木通花板。

主要材料： ①仿古砖　②壁纸　③实木通花板

施工要点

用点挂的方式将米黄大理石及爵士白大理石固定在电视背景墙上，完工后用勾缝剂填缝。镜面玻璃基层用木工板打底，剩余墙面满刮三遍腻子，用砂纸打磨光滑，刷底漆、面漆。用粘贴固定的方式固定镜面玻璃，最后固定通花板。

主要材料： ①米黄大理石　②爵士白大理石　③镜面玻璃

施工要点

沙发背景墙面用水泥砂浆找平，部分墙面用木工板打底，固定不锈钢分割线，贴橡木饰面板后刷油漆，固定成品收边线条。剩余墙面满刮三遍腻子，用砂纸打磨光滑，刷一层基膜后贴壁纸。

主要材料： ①壁纸　②白色乳胶漆　③橡木饰面板

沙发背景墙上四片通透的花格板呼应了整体的中式装修风格；电视背景墙上玉石的装饰让空间更加高贵。

主要材料： ①玉石　②壁纸　③白色乳胶漆

施工要点

按照设计图纸，用木工板及硅酸钙板做出电视背景墙面上凹凸造型。电视柜及层板贴橡木饰面板后刷油漆。剩余墙面满刮三遍腻子，用砂纸打磨光滑，刷底漆、面漆。部分墙面刷一层基膜后贴壁纸，用粘贴固定的方式固定镜面玻璃，最后固定通花板。

主要材料：①壁纸　②橡木饰面板　③白色乳胶漆

回形纹样的吊顶造型，呼应了整体中式装修风格；抬高的榻榻米造型，令空间层次更加丰富。

主要材料：①浅啡网纹大理石　②复合实木地板　③仿古砖

施工要点

按照设计需求用木工板做出墙面上层板造型，部分墙面用木工板打底，贴橡木饰面板，刷油漆。剩余墙面满刮三遍腻子，用砂纸打磨光滑，刷底漆、面漆，最后安装固定通花板。

主要材料：①白色乳胶漆　②橡木饰面板　③玻化砖

施工要点

客厅电视背景墙面用水泥砂浆找平，用湿贴的方式将仿洞石砖固定在墙面上，完工后用勾缝剂填缝。剩余墙面满刮三遍腻子，用砂纸打磨光滑，刷底漆、面漆，安装实木踢脚线。

主要材料： ①仿洞石砖 ②白色乳胶漆 ③实木地板

施工要点

用点挂的方式固定浅咖网纹大理石收边线条，用湿贴的方式固定仿古砖。用木工板做出灯槽结构，按照设计图纸，贴装饰面板，刷油漆。

主要材料： ①浅咖网纹大理石 ②仿古砖 ③白色乳胶漆

电视背景墙上的回形纹样通花板呼应了整体装修风格，打造了中式客厅环境。

主要材料： ①木纹砖 ②仿古砖 ③通花板

施工要点

用木工板做出客厅电视背景墙两侧对称造型及电视柜结构，贴枫木饰面板后刷油漆。镜面玻璃基层用木工板打底，剩余墙面满刮三遍腻子，用砂纸打磨光滑，刷一层基膜后贴壁纸。用粘贴固定的方式固定镜面玻璃。

主要材料： ①枫木饰面板 ②镜面玻璃 ③壁纸

施工要点

客厅电视背景墙用水泥砂浆找平,两侧墙面防潮处理后用木工板打底并做出收边线条,贴枫木饰面板后刷油漆。中间墙面满刮三遍腻子,刷一层基膜后贴壁纸。用粘贴固定的方式固定镜面玻璃,最后安装定制的通花板。

主要材料: ①镜面玻璃 ②壁纸 ③白色乳胶漆

施工要点

用点挂的方式将米黄色石材固定在电视背景墙上,红镜饰面的墙体防潮处理后用木工板打底,用木工板做出电视柜造型,贴橡木饰面板后刷油漆。用粘贴固定的方式固定红镜,最后固定成品通花板。

主要材料: ①米黄色石材 ②红镜 ③白色乳胶漆

施工要点

客厅电视背景墙面用水泥砂浆找平,用点挂的方式将大理石固定在墙面上,完工后用勾缝剂填缝。镜面玻璃饰面的墙体防潮处理后用木工板打底,用粘贴固定的方式固定镜面玻璃,最后安装收边线条及通花板。

主要材料: ①大理石 ②镜面玻璃 ③白色乳胶漆

通透的木质花格装饰电视背景墙,搭配浅色壁纸,令空间雅致生动。

主要材料: ①壁纸 ②镜面玻璃 ③玻化砖

施工要点

用木工板做出灯槽结构及收边线条，贴橡木饰面板后刷油漆。剩余墙面满刮三遍腻子，用砂纸打磨光滑，刷底漆、面漆。部分墙面刷一层基膜后贴壁纸，用粘贴固定的方式固定镜面玻璃。

主要材料： ①橡木饰面板　②壁纸　③镜面玻璃

施工要点

客厅沙发背景墙面用水泥砂浆找平，整个墙面满刮三遍腻子，用砂纸打磨光滑，刷底漆、面漆，安装定制的通花板及实木踢脚线。

主要材料： ①白色乳胶漆　②米黄色石材　③浅啡网纹大理石

施工要点

按照设计需求在电视背景墙上安装钢结构，用云石胶将大理石台面固定在支架上。用点挂的方式固定米黄石材及收边线条，用湿贴的方式固定仿古砖，完工后用勾缝剂填缝。

主要材料： ①米黄大理石　②仿古砖
③白色乳胶漆

中式实市家具搭配同色市饰面，令客厅气氛更加稳重，打造了一个有品味的居住空间。

主要材料： ①仿古砖　②复合实木地板　③橡木饰面板

施工要点

餐厅背景墙面用水泥砂浆找平，用点挂的方式固定大理石，完工后用勾缝剂填缝。剩余墙面满刮三遍腻子，用砂纸打磨光滑，刷一层基膜后贴壁纸，最后安装成品收边线条及实木装饰挂件。

主要材料：①复合实木地板 ②米黄色石材 ③壁纸

挑高的客厅、通透的实木花格点染出客厅大气、严谨。

主要材料：①壁纸 ②镜面玻璃 ③仿古砖

施工要点

显贴的方式配合益胶泥将米黄色石材固定在电视背景墙面上，完工后用勾缝剂填缝。用云石胶将白色大理石固定在支架上，用木工板做出电视柜抽屉，贴橡木饰面板后刷油漆，最后安装定制的通花板。

主要材料：①实木地板 ②米黄色石材 ③白色乳胶漆

施工要点

用湿贴的方式将不同尺寸的仿古砖固定在墙面上，金镜用木工板打底，并做出不同材质的收边线条，贴胡桃木饰面板后刷油漆。剩余墙面满刮三遍腻子，刷底漆、面漆。用粘贴固定的方式固定金镜，最后固定成品通花板。

主要材料：①仿古砖 ②金镜 ③通花板

施工要点

客厅电视背景墙面用水泥砂浆找平，用点挂的方式将大理石固定在墙面上，完工后用专业石材勾缝剂填缝。剩余两侧墙面防潮处理后用木工板打底，将定制的通花板固定在底板上。

主要材料：①白色乳胶漆　②大理石　③壁纸

施工要点

过道处用成品通花板装饰，待室内硬装基本完成，用螺钉将定制的通花板固定在地面与吊顶间。

主要材料：①米黄色石材　②白色乳胶漆　③实木通花板

大幅砂岩作品令气氛沉稳、肃静的两侧镜面玻璃装饰视觉上放大了空间，共同营造了一个典雅的居室。

主要材料：①砂岩　②壁纸　③镜面玻璃

沙发背景墙的凹凸造型给居室带来情趣，整个空间增添生气。

主要材料： ①米黄色石材　②胡桃木饰面板
③白色乳胶漆

 施工要点

用湿贴的方式将仿古砖固定在客厅电视背景墙上，完工后用勾缝剂填缝。镜子基层用木工板打底，并做出收边线条，贴胡桃木饰面板后刷油漆。用粘贴固定的方式将金镜及定制的回形纹样的板材固定在底板上。

主要材料： ①金镜　②白色乳胶漆　③仿古砖

施工要点

用点挂的方式将米黄色石材固定在客厅电视背景墙上，完工后用专业石材勾缝剂填缝。剩余墙面防潮处理后用木工板打底，用粘贴固定的方式将镜面玻璃固定在底板上，最后固定成品通花板。

主要材料： ①米黄色石材　②镜面玻璃　③白色乳胶漆

施工要点

客厅沙发背景墙面用水泥砂浆找平，用点挂的方式固定米黄色石材，完工后用白色勾缝剂填缝。用木工板做出灯槽结构，用粘贴固定的方式固定镜面玻璃，最后安装实木收边线条及通花板。

主要材料： ①米黄色石材　②镜面玻璃　③白色乳胶漆

施工要点

用云石胶将深啡网纹大理石固定在矮台上。用湿贴的方式固定木纹砖，用木工板做出收边线条，贴胡桃木饰面板后刷油漆。剩余墙面满刮三遍腻子，用砂纸打磨光滑，刷一层基膜，贴壁纸。

主要材料：①壁纸 ②胡桃木饰面板 ③深啡网纹大理石

施工要点

用点挂的方式将米黄色石材固定在电视背景墙面上。剩余墙面用木工板打底并做出收边线条及两侧层板造型，贴橡木饰面板，刷油漆。用粘贴固定的方式将镜面玻璃固定在底板上。

主要材料：①米黄色石材 ②镜面玻璃 ③橡木饰面板

简约的浅色墙面和厚重的深色家具让空间充满朴实的中式氛围，体现主人儒雅的生活品质。

主要材料：①仿古砖 ②米黄色石材 ③白色乳胶漆

施工要点

用湿贴的方式将木纹砖固定在墙面上，完工后用勾缝剂填缝。镜面玻璃基层用木工板打底并做出收边线条，贴胡桃木饰面板后刷油漆。用粘贴固定的方式将镜面玻璃固定在底板上，最后安装成品通花板。

主要材料：①木纹砖 ②镜面玻璃 ③通花板

施工要点

客厅电视背景矮墙用水泥砂浆找平，用点挂的方式将大理石固定在墙面上，待室内硬装完工后用螺钉将定制的通花板固定在墙面与吊顶间。

主要材料：①深啡网纹大理石　②米黄色石材　③白色乳胶漆

施工要点

用点挂的方式将米黄色石材固定在墙面上，部分墙面用木工板打底。剩余墙面满刮三遍腻子，用砂纸打磨光滑，刷底漆、面漆，安装实木踢脚线。用气钉将绿可板固定在底板上。

主要材料：①米黄色石材　②绿可板　③实木踢脚线

施工要点

用湿贴的方式将仿古砖固定在电视背景墙面上，完工后用勾缝剂填缝，用点挂的方式固定深啡网纹大理石收边线条。剩余墙面满刮三遍腻子，用砂纸打磨光滑，刷底漆，安装定制的实木通花板，刷面漆。

主要材料：①仿古砖　②深啡网纹大理石　③白色乳胶漆

沙发背景墙的图案显得格外的自然清新与恬静，令空间气氛更加活跃。

主要材料：①米黄色石材　②壁纸　③胡桃木饰面板

施工要点

用湿贴的方式固定仿古砖，用点挂的方式固定大理石收边线条，完工后用勾缝剂填缝。镜面玻璃饰面的墙体用木工板打底，用粘贴固定的方式固定。剩余墙面满刮三遍腻子，刷底漆、面漆。

主要材料： ①仿古砖 ②镜面玻璃 ③玻化砖

施工要点

用云石胶将浅啡网纹大理石固定在矮台上，用湿贴的方式将木纹砖固定在墙面上。用木工板做出收边线条，贴橡木饰面板后刷油漆。镜面玻璃基层用木工板打底，用粘贴固定的方式固定。

主要材料： ①浅啡网纹大理石 ②木纹砖 ③镜面玻璃

施工要点

按照设计图纸用硅酸钙板做出墙面上凹凸造型，软包基层用木工板打底。剩余墙面满刮三遍腻子，用砂纸打磨光滑，刷底漆，固定定制的实木收边线条，刷面漆。部分墙面刷一层基膜后贴壁纸。用气钉及万能胶将定制的软包固定在底板上。

主要材料： ①软包 ②壁纸 ③白色乳胶漆

无论是吊顶市饰面造型，还是造型简洁的明式家具，都与整体的中式风格相协调。

主要材料： ①壁纸 ②玻化砖 ③白色乳胶漆

栩栩如生的手绘图案，搭配白色的背景墙面，宛如置身在田园的浪漫气息中。

主要材料：①玻化砖 ②丙烯颜料图案 ③橡木饰面板

【施工要点】

用点挂的方式将定制的大理石固定在电视背景墙上，完工后用勾缝剂填缝。用木工板做出墙面上储物层板造型，贴橡木饰面板后刷油漆。

主要材料：①米黄色石材 ②橡木饰面板 ③白色乳胶漆

【施工要点】

客厅电视背景矮墙用水泥砂浆找平，用湿贴的方式将米黄色石材及浅啡网纹大理石固定在墙面上，完工后用专业石材勾缝剂填缝。用木工板做出电视柜造型，贴胡桃木饰面板后刷油漆。

主要材料：①米黄色石材 ②玻化砖 ③胡桃木饰面板

【施工要点】

用点挂的方式将浅啡网纹大理石及定制的砂岩固定在墙面上。剩余墙面满刮三遍腻子，用砂纸打磨光滑，刷底漆，固定成品实木线条，刷面漆，最后安装实木踢脚线。

主要材料：①玻化砖 ②浅啡网纹大理石 ③白色乳胶漆

电视背景墙上的通透花格呼应了整体装修风格，镜面玻璃装饰在视觉上使空间更加宽敞，共同营造一个典雅居室。

主要材料： ①绿可板　②镜面玻璃　③通花板

施工要点

用点挂的方式将米黄色石材固定在电视背景两侧，完工后用勾缝剂填缝。剩余墙面用木工板打底并做出灯槽结构，贴橡木饰面板，刷油漆。用粘贴固定的方式将镜面玻璃固定在底板上，最后安装定制的通花板。

主要材料： ①米黄色石材　②镜面玻璃　③通花板

施工要点

用点挂的方式将爵士白大理石固定在墙面上，完工后用石材勾缝剂填缝。剩余两侧墙面防潮处理后用木工板打底，用粘贴固定的方式将镜面玻璃固定在底板上，完工后用硅酮密封胶密封，最后安装通花板。

主要材料： ①爵士白大理石　②镜面玻璃　③白色乳胶漆

施工要点

客厅电视背景墙面用水泥砂浆找平，用木工板做出设计图中造型及电视柜结构，贴橡木饰面板后刷油漆。镜面玻璃饰面的墙体防潮处理后用木工板打底，剩余墙面满刮三遍腻子，刷一层基膜后贴壁纸。用粘贴固定的方式固定镜面玻璃，最后安装踢脚线。

主要材料： ①橡木饰面板 ②壁纸 ③镜面玻璃

施工要点

客厅电视背景墙面用水泥砂浆找平，整个墙面防潮处理后用木工板打底，用气钉及万能胶将定制的软包固定在底板上，最后安装定制的实木收边线条。

主要材料： ①软包 ②壁纸 ③复合实木地板

施工要点

客厅沙发背景墙面用水泥砂浆找平，用湿贴的方式将皮纹砖固定在墙面上，完工后用勾缝剂填缝。剩余墙面防潮处理后用木工板打底并做出收边线条，贴胡桃木饰面板后刷油漆，用粘贴固定的方式固定镜面玻璃。

主要材料： ①皮纹砖 ②镜面玻璃 ③米黄色石材

深色的花格板与暖色调的木纹砖，形成完美的组合，凸显出深远大气的质感，使空间充盈着儒雅的气息。

主要材料： ①木纹砖 ②镜面玻璃 ③通花板

施工要点

用干挂的方式固定大理石收边线条，用木工板做出墙面上收边线条，贴胡桃木饰面板后刷油漆，镜子基层用木工板打底。剩余墙面满刮三遍腻子，用砂纸打磨光滑，刷一层基膜后贴壁纸。用粘贴固定的方式固定灰镜。

主要材料： ①壁纸　②米黄色石材　③灰镜

施工要点

客厅电视背景墙面用水泥砂浆找平，整个墙面满刮三遍腻子，用砂纸打磨光滑，刷一层基膜后贴壁纸，用螺钉将定制的通花板固定在地面与吊顶间。

主要材料： ①壁纸　②玻化砖　③通花板

施工要点

用点挂的方式将米黄色石材固定在电视背景墙上，完工后用石材勾缝剂填缝。剩余墙面防潮处理后用木工板打底，用粘贴固定的方式将镜面玻璃固定在底板上，最后安装定制的通花板。

主要材料： ①米黄色石材　②镜面玻璃　③实木通花板

吊顶纹样与整体的中式风格相协调，特色的吊顶成为中式空间里扮演最耀眼的角色。

主要材料： ①壁纸　②米黄玻化砖　③白色乳胶漆

施工要点

用点挂的方式将爵士白大理石、浅啡网纹大理石及定制的砂岩固定在墙面上。剩余墙面用木工板打底，部分墙面贴胡桃木饰面板后刷油漆。用粘贴固定的方式固定雕花银镜，最后固定订制的通花板。

主要材料： ①爵士白大理石　②浅啡网纹大理石　③雕花银镜

挑高的客厅彰显大气，无论家具还是灯具都散发出古典、平和、优雅、含蓄的味道。

主要材料： ①文化石　②米黄色石材　③橡木饰面板

施工要点

客厅沙发背景墙面用水泥砂浆找平，用湿贴的方式将仿古砖固定在墙面上，完工后用勾缝剂填缝。用木工板做出灯槽结构及收边线条，贴橡木饰面板后刷油漆。

主要材料： ①仿古砖　②木纹砖　③橡木饰面板

施工要点

用点挂的方式将玉石固定在电视背景墙上，用木工板做出灯槽结构，贴橡木饰面板后刷油漆。镜面玻璃基层用木工板打底，用粘贴固定的方式固定，最后安装成品通花板。

主要材料： ①玉石　②橡木饰面板　③镜面玻璃

施工要点

客厅电视背景墙面用水泥砂浆找平，整个墙面用木工板打底，贴橡木饰面板，刷油漆，固定装饰挂件。

主要材料： ①橡木饰面板　②玻化砖　③马赛克

施工要点

用木工板及硅酸钙板做出墙面上的凹凸造型，收边线条贴橡木饰面板后刷油漆，镜子基层用木工板打底。墙面满刮三遍腻子，用砂纸打磨光滑，刷底漆、面漆。部分墙面刷一层基膜后贴壁纸，用玻璃胶固定银镜。

主要材料： ①壁纸　②玻化砖　③银镜

以玉石装饰电视背景墙，令客厅大气、稳重；两侧的木质花格与整体中式风格相协调，打造了一个品位空间。

主要材料： ①仿古砖　②镜面玻璃　③玉石

施工要点

用湿贴的方式将文化石固定在墙面上，中间墙面用硅酸钙板打底并离缝拼贴，满刮腻子，刷底漆、面漆。用木工板做出两侧对称造型，贴枫木饰面板后刷油漆，最后固定成品木雕。

主要材料： ①仿古砖　②文化石　③枫木饰面板

施工要点

客厅电视背景墙面用水泥砂浆找平，用湿贴的方式固定木纹砖，用点挂的方式固定米黄色石材及收边线条。剩余墙面满刮三遍腻子，用砂纸打磨光滑，刷一层基膜后贴壁纸。

主要材料： ①木纹砖 ②壁纸 ③米黄色石材

施工要点

用点挂的方式将米黄大理石固定在电视背景墙上，完工后用勾缝剂填缝。镜子饰面的墙体防潮处理后用木工板打底，剩余墙面满刮三遍腻子，用砂纸打磨光滑，刷一层基膜后贴壁纸。用粘贴固定的方式固定黑镜。

主要材料： ①米黄大理石 ②黑镜 ③壁纸

兆高的客厅彰显大气，家具、灯具均呼应了整体中式装修风格。

主要材料： ①仿古砖 ②橡木饰面板 ③白色乳胶漆

施工要点

餐厅背景墙面用水泥砂浆找平,按照设计图纸用木工板做出层板造型,贴胡桃木饰面板后刷油漆。剩余墙面满刮三遍腻子,用砂纸打磨光滑,刷一层基膜后贴壁纸,用粘贴固定的方式将镜面玻璃固定在底板上。

主要材料: ①壁纸 ②镜面玻璃

施工要点

用硅酸钙板做出电视背景墙面上灯槽结构及离缝造型,墙面满刮三遍腻子,用砂纸打磨光滑,刷底漆、白色及有色面漆。最后安装成品通花板。

主要材料: ①白色乳胶漆 ②有色乳胶漆 ③玻化砖

以米黄大理石装饰背景墙提升了空间档次,视觉上放大了空间。

主要材料: ①米黄大理石 ②壁纸 ③银镜

施工要点

客厅沙发背景墙面用水泥砂浆找平,用湿贴的方式固定米黄色石材。用木工板做出收边线条,贴胡桃木饰面板后刷油漆。剩余墙面满刮三遍腻子,用砂纸打磨光滑,刷一层基膜,贴壁纸。

主要材料: ①米黄色石材 ②壁纸 ③胡桃木饰面板

施工要点

用湿贴的方式将木纹砖固定在墙面上，镜面玻璃基层用木工板打底，并做出收边线条，贴橡木饰面板后刷油漆。用粘贴固定的方式将镜面玻璃固定在干净的底板上。

主要材料：①木纹砖 ②橡木饰面板 ③镜面玻璃

施工要点

用湿贴的方式将仿古砖固定在电视背景墙两侧，部分墙面用木工板打底。剩余墙面满刮三遍腻子，用砂纸打磨光滑，刷底漆、面漆，安装定制的通花板。最后固定定制的皮革软包。

主要材料：①软包 ②仿古砖 ③白色乳胶漆

施工要点

用点挂的方式将玉石固定在电视背景墙上，镜面玻璃饰面的墙体防潮处理后用木工板打底，用粘贴固定的方式固定，最后安装实木收边线条及通花板。

主要材料：①玉石 ②仿古砖 ③镜面玻璃

暖色调的市纹砖装饰背景令居室更加温馨；素雅的沙发背景，两幅装饰画为空间增添几许情调。

主要材料：①玉石 ②仿古砖 ③镜面玻璃

客厅大面积运用镜面玻璃
装饰，视觉上放大了空间，
令客厅更加宽敞明亮。

主要材料：①米黄色石材　②镜
面玻璃　③白色乳胶漆

施工要点

客厅沙发背景墙面用水泥砂浆找平，用湿贴的方式将木纹砖
固定在墙面上，完工后用勾缝剂填缝。剩余墙面满刮三遍腻子，
用砂纸打磨光滑，刷一层基膜后贴壁纸，最后安装踢脚线。

主要材料：①木纹砖　②白色乳胶漆　③壁纸

施工要点

客厅电视背景墙面用水泥砂浆找平，按照设计图纸部分墙面
用木工板打底，贴橡木饰面板后刷油漆。剩余墙面满刮三遍
腻子，用砂纸打磨光滑，刷一层基膜后贴壁纸。

主要材料：①橡木饰面板　②壁纸　③玻化砖

施工要点

用点挂的方式将大理石固定在客厅沙发背景墙上。用硅酸钙板做出墙面上的凹凸造型，用木工板做出收边线条，贴橡木饰面板后刷油漆。剩余墙面满刮三遍腻子，用砂纸打磨光滑，刷一层基膜后贴壁纸。

主要材料： ①壁纸 ②橡木饰面板 ③大理石

施工要点

客厅电视背景墙面用水泥砂浆找平，用点挂的方式将米黄色石材及砂岩固定在墙面上。剩余墙面防潮处理后用木工板打底，用地板钉及胶水将复合实木地板固定在底板上。

主要材料： ①米黄色石材 ②砂岩 ③壁纸

爱暖的浅黄色调、生动的装饰画、特色吊灯共同营造了一个温馨环境。

主要材料： ①枫木饰面板 ②壁纸 ③复合实木地板

施工要点

用白水泥将马赛克固定在矮台上，清洁干净表面的卫生。剩余墙面满刮三遍腻子，用砂纸打磨光滑，刷一层基膜，用环保白乳胶配合专业壁纸粉将壁纸固定在墙面上。

主要材料： ①壁纸 ②马赛克 ③白色乳胶漆

施工要点

客厅沙发背景墙面用水泥砂浆找平，用点挂的方式将米黄色石材及收边线条固定在墙面上，完工后用专业石材勾缝剂填缝，最后固定装饰挂画。

主要材料： ①米黄色石材 ②深啡网纹大理石 ③白色乳胶漆

施工要点

客厅沙发背景墙面用水泥砂浆找平，按照设计图纸需求在墙面上弹线放样，用点挂的方式将米黄石材固定在墙面上，完工后用专业石材勾缝剂填缝。

主要材料： ①米黄石材 ②白色乳胶漆 ③浅啡网纹大理石

施工要点

用点挂的方式将大理石固定在客厅电视背景墙上，完工后用专业石材勾缝剂填缝。用木工板做出两侧对称造型，贴胡桃木饰面板后刷油漆，用粘贴固定的方式将茶镜固定在底板上。

主要材料： ①米黄色石材 ②胡桃木饰面板 ③玻化砖

电视背景矮墙丰富了空间层次，特色吊顶为客厅添彩。

主要材料： ①仿古砖 ②米黄色石材 ③白色乳胶漆

施工要点

客厅电视背景墙面用水泥砂浆找平，用点挂的方式将米黄色石材固定在墙面上，完工后用勾缝剂填缝。按照设计图纸用木工板做出电视柜造型，贴橡木饰面板后刷油漆。

主要材料： ①米黄色石材 ②壁纸 ③橡木饰面板

电视背景墙上的梅花图案为居室带来大自然的气息。

主要材料： ①玻化砖 ②枫木饰面板 ③液态壁纸

施工要点

客厅电视背景矮墙用水泥砂浆找平，用湿贴的方式将仿古砖固定在墙面上，固定成品实木收边线条及装饰挂件。

主要材料： ①仿古砖 ②有色乳胶漆 ③实木线条

施工要点

客厅电视背景墙面用水泥砂浆找平，用白水泥将马赛克固定在墙面上，用木工板做出电视柜及收边线条，贴橡木饰面板后刷油漆。剩余墙面满刮三遍腻子，用砂纸打磨光滑，刷底漆、有色面漆，部分墙面刷一层基膜后贴壁纸。

主要材料： ①有色乳胶漆 ②马赛克 ③壁纸

施工要点

客厅电视背景墙面用水泥砂浆找平，部分墙面用木工板打底。剩余墙面满刮三遍腻子，用砂纸打磨光滑，刷一层基膜后贴壁纸。用粘贴固定的方式固定镜面玻璃，最后安装定制的通花板及实木踢脚线。

主要材料：①壁纸 ②镜面玻璃 ③玻化砖

通透的实木花格布满客厅空间，与整体中式风格相协调。

主要材料：①壁纸 ②白色乳胶漆 ③仿古砖

施工要点

用点挂的方式将大理石固定在电视背景墙上，用木工板做出两侧对称造型及收边线条，贴胡桃木饰面板后刷油漆。金镜饰面的墙体用木工板打底，用粘贴固定的方式固定，最后安装订制的通花板。

主要材料：①木纹大理石 ②胡桃木饰面板 ③金镜

背景墙面上大幅书法字体现了主人涵养；挑高的客厅大气，市饰面视觉上拉伸纵向空间。

主要材料：①爵士白大理石　②浅啡网纹大理石　③白色乳胶漆

施工要点

客厅沙发背景墙面用水泥砂浆找平，整个墙面满刮三遍腻子，用砂纸打磨光滑，刷底漆、白色及有色面漆，最后安装实木踢脚线。

主要材料：①实木踢脚线　②白色乳胶漆　③有色乳胶漆

施工要点

按照设计图纸用硅酸钙板做出电视背景墙面上造型，满刮三遍腻子，用砂纸打磨光滑，刷底漆、面漆。用粘贴固定的方式将银镜固定在底板上，用丙烯颜料将图案手绘到墙面上。

主要材料：①仿古砖　②白色乳胶漆　③银镜

施工要点

客厅电视背景墙面用水泥砂浆找平，用点挂的方式固定大理石。用木工板做出墙面两侧造型，贴胡桃木饰面板后刷油漆。用粘贴固定的方式将镜面玻璃固定在剩余底板上。

主要材料： ①大理石　②胡桃木饰面板　③镜面玻璃

电视背景墙面两侧以对称的茶镜装饰，视觉上拉大了客厅空间；米黄色调大理石令客厅显得更加温馨。

主要材料： ①米黄大理石　②车边茶镜　③白色乳胶漆

施工要点

客厅电视背景墙面用水泥砂浆找平，金镜饰面的墙体防潮处理后用木工板打底。剩余墙面满刮三遍腻子，用砂纸打磨光滑，刷一层基膜后贴壁纸。用玻璃胶将定制的金镜固定在底板上。

主要材料： ①壁纸　②金镜　③有色乳胶漆

施工要点

用点挂的方式将米黄色石材固定在墙面上，完工后用勾缝剂填缝。用木工板做出收边线条，贴胡桃木饰面板后刷油漆。剩余墙面满刮三遍腻子，用砂纸打磨光滑，刷一层基膜后贴壁纸，最后安装固定成品通花板。

主要材料：①壁纸 ②米黄色石材 ③胡桃木饰面板

施工要点

客厅电视背景墙面用水泥砂浆找平，用点挂的方式固定白色大理石及米黄色石材，完工后用专业石材勾缝剂填缝。用螺钉将定制的花格板固定在墙面上。

主要材料：①白色大理石 ②米黄色石材 ③壁纸

施工要点

用湿贴的方式将带有图案的仿古砖固定在墙面上，完工后用勾缝剂填缝，镜子基层用木工板打底，并做出收边线条，贴胡桃木饰面板后刷油漆。剩余两侧墙面满刮三遍腻子，刷底漆、面漆，安装定制的通花板，用粘贴固定的方式固定金镜。

主要材料：①仿古砖 ②金镜 ③白色乳胶漆

米黄大理石、软包及深色木饰面，展露空间的丰富性，呼应整体中式风格。

主要材料：①米黄色石材 ②胡桃木饰面板 ③软包

施工要点

客厅沙发背景墙面用水泥砂浆找平，用木工板做出壁纸的收边线条，贴胡桃木饰面板后刷油漆。剩余墙面满刮三遍腻子，用砂纸打磨光滑，刷底漆、面漆，部分墙面刷一层基膜后贴壁纸，安装实木踢脚线。

主要材料： ①白色乳胶漆 ②壁纸 ③胡桃木饰面板

施工要点

用湿贴的方式配合益胶泥将深啡网纹大理石固定在墙面上，完工后用石材勾缝剂填缝。用点挂的方式将米黄大理石固定在剩余墙面上。

主要材料： ①米黄大理石 ②深啡网纹大理石 ③爵士白大理石

客厅电视背景墙上的书法作品将空间演绎得耐人寻味。

主要材料： ①白色大理石 ②壁纸 ③白色乳胶漆

施工要点

用硅酸钙板做出客厅电视背景墙上的凹凸造型，部分墙面防潮处理后用木工板打底。中间墙面贴装饰面板后刷油漆。剩余墙面满刮三遍腻子，用砂纸打磨光滑，刷底漆、面漆。用玻璃胶将镜面固定在底板上。

主要材料： ①镜面玻璃 ②白色乳胶漆 ③爵士白大理石

电视背景墙上的通透花格板及吊顶与整体风格相协调，为中式客厅添彩。

主要材料：①白色乳胶漆　②橡木饰面板　③仿古砖

施工要点

用湿贴的方式将仿古砖斜拼固定在墙面上，完工后用勾缝剂填缝。两侧墙面满刮三遍腻子，用砂纸打磨光滑，刷一层基膜后贴壁纸，安装定制的通花板，用地板钉及地板胶将复合实木地板固定在墙面上。

主要材料：①复合实木地板　②壁纸　③仿古砖

施工要点

吧台处墙面用水泥砂浆找平，用湿贴的方式固定仿古砖，完工后用勾缝剂填缝。待室内硬装完成后，用螺钉将定制的通花板固定在地面与吊顶间。

主要材料：①仿古砖　②白色乳胶漆　③通花板

施工要点

用点挂的方式将米黄大理石固定在电视背景矮墙上，完工后用专业石材勾缝剂填缝。待室内硬装基本完成后，用螺钉将定制的通花板固定在地面与吊顶间。

主要材料：①米黄大理石 ②白色乳胶漆 ③壁纸

施工要点

用点挂的方式将拉槽的米黄色石材固定在墙面上，用木工板做出壁纸的收边线条，贴胡桃木饰面板后刷油漆。墙面满刮三遍腻子，用砂纸打磨光滑，刷一层基膜，贴壁纸。

主要材料：①米黄色石材 ②壁纸 ③复合实木地板

横向与纵向贴饰的市饰面背景墙，给人增添视觉享受；黑镜装饰则在视觉上拉伸了空间。

主要材料：①复合实木地板 ②爵士白大理石 ③深啡网纹大理石

施工要点

按照设计图纸电视背景墙面砌成弧形通透造型，用湿贴的方式将文化石固定在墙面上，完工后用勾缝剂填缝。用木工板做出收边线条，贴橡木饰面板后刷油漆。

主要材料：①壁纸　②文化石　③橡木饰面板

施工要点

客厅电视背景墙面用水泥砂浆找平，用湿贴的方式将木纹砖固定在墙面上，用点挂的方式固定玉石。最后将定制的通花板及收边线条固定在墙面上。

主要材料：①木纹砖　②玉石　③白色乳胶漆

施工要点

沙发背景墙面用水泥砂浆找平，用木工板做出收边线条，贴枫木饰面板后刷油漆，镜子基层用木工板打底。剩余墙面满刮三遍腻子，刷底漆、白色及有色面漆，最后安装定制的通花板及金镜。

主要材料：①枫木饰面板　②有色乳胶漆
③金镜

中式家具和回形纹样背景墙让朴实的中式氛围充满整个空间，彰显主人儒雅的生活品质。

主要材料：①枫木饰面板　②金镜　③白色乳胶漆

施工要点

用湿贴的方式将大理石固定在墙面上，完工后用勾缝剂填缝。用木工板做出两侧对称造型及灯槽结构，贴樱桃木饰面板后刷油漆，最后固定实木装饰挂件。

主要材料：①大理石 ②樱桃木饰面板 ③玻化砖

施工要点

用木工板做出客厅电视背景墙上收边线条，贴胡桃木饰面板后刷油漆。剩余墙面满刮三遍腻子，用砂纸打磨光滑，刷底漆、面漆。部分墙面刷一层基膜后贴壁纸，最后安装踢脚线。

主要材料：①白色乳胶漆 ②壁纸 ③胡桃木饰面板

镜面玻璃和特色壁纸组成的背景墙，增添客厅的丰富性及亲近大自然的感受。

主要材料：①壁纸 ②镜面玻璃 ③白色乳胶漆

施工要点

用点挂的方式将大理石固定在电视背景墙上，完工后用勾缝剂填缝。金镜基层用木工板打底，并用木工板做出电视柜造型，贴橡木饰面板后刷油漆。用粘贴固定的方式将金镜固定在底板上。

主要材料：①大理石 ②橡木饰面板 ③金镜

施工要点

用点挂及干挂的方式将米黄色石材固定在电视背景墙上，完工后用专业石材勾缝剂填缝。剩余墙面满刮三遍腻子，用砂纸打磨光滑，刷底漆、面漆，固定定制的实木通花板。

主要材料：①米黄色石材 ②白色乳胶漆 ③实木通花板

两侧对称的镜面玻璃装饰视觉上拉伸了空间；吊顶与背景选用统一的材质，营造了悠闲、唯美的都市风情。

主要材料：①大理石 ②白色乳胶漆 ③镜面玻璃

施工要点

用点挂的方式将大理石固定在客厅电视背景墙上，完工后用石材勾缝剂填缝。剩余墙面防潮处理后用木工板打底，用气钉将定制的绿可板固定在底板上，用玻璃胶固定在灰镜。

主要材料：①绿可板 ②灰镜 ③米黄色石材

施工要点

客厅电视背景墙面用水泥砂浆找平，用湿贴的方式将仿古砖固定在墙面上，完工后用勾缝剂填缝。剩余墙面满刮三遍腻子，用砂纸打磨光滑，刷底漆、面漆，将定制的木雕板材固定在墙面上。

主要材料：①仿古砖 ②白色乳胶漆 ③深啡网纹大理石

暖色调墙面，青花瓷的装饰挂件、艺术吊顶均赋予了空间中式的味道。

主要材料：①有色乳胶漆 ②仿古砖 ③实木踢脚线

施工要点

客厅电视背景墙面用水泥砂浆找平，用点挂的方式将爵士白大理石固定在墙面上。剩余墙面防潮处理后用木工板打底，收边线条贴胡桃木饰面板后刷油漆，用气钉及万能胶固定软包，用玻璃胶固定茶镜。

主要材料：①爵士白大理石 ②胡桃木饰面板 ③软包

施工要点

用湿贴的方式将仿古砖固定在客厅电视背景墙上，完工后用勾缝剂填缝。待室内硬装基本完成后，用螺钉固定定制的通花板。

主要材料： ①仿古砖 ②白色乳胶漆 ③橡木饰面板

挑高的客厅彰显大气，回形纹样的实市通花板为中式客厅添彩。

主要材料： ①木纹砖 ②实木通花板 ③壁纸

施工要点

用湿贴的方式将文化石固定在客厅电视背景墙上，按照设计需求部分墙面用木工板打底，贴胡桃木饰面板后刷油漆。剩余墙面满刮三遍腻子，用砂纸打磨光滑，刷底漆、有色面漆。

主要材料： ①仿古砖 ②文化石 ③有色乳胶漆

凹凸有致的米黄色石材
装饰电视背景墙，丰富
了空间视觉感受。

主要材料： ①米黄色石材 ②壁
纸 ③白色乳胶漆

施工要点

沙发背景墙面用水泥砂浆找平，用点挂的方式固定米黄
色石材。剩余两侧墙面用水泥砂浆找平，满刮三遍腻子，
用砂纸打磨光滑，刷底漆、面漆，安装定制的通花板。

主要材料： ①米黄色石材 ②玉石 ③通花板

施工要点

客厅沙发背景墙面用水泥砂浆找平，整个墙面满刮三遍
腻子，用砂纸打磨光滑，刷底漆、有色面漆，最后安装
实木踢脚线及通花板。

主要材料： ①仿古砖 ②马赛克 ③有色乳胶漆